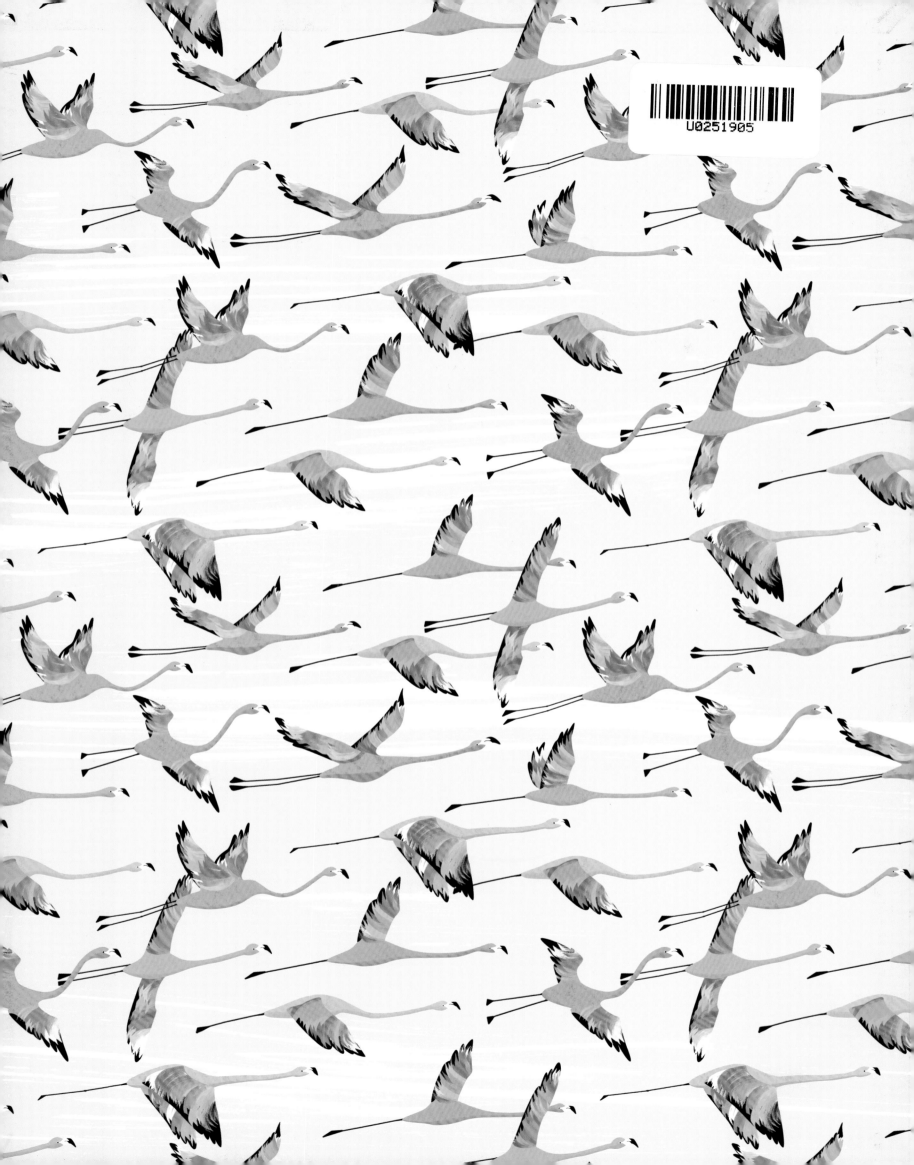

群居与独居

——自然界的生存智慧

［西］米娅·卡萨尼/文

［西］塔妮娅·加西亚/绘

邵巍/译

清华大学出版社

北 京

献给我的父母——胡斯拓和马尔佳，是他们给我指明了艺术之路，让我知道努力的意义。

——塔妮娅

写在前面的话

　　这本书独特而又精彩。在书里，你会惊奇地发现有些动物成群结队、成百上千地生活在一起，而另一些动物却往往形单影只地独自生活。

　　单个蜂巢里可以居住超过5万只蜜蜂，它们分工明确。而无垠大海中的章鱼却离群索居，一生几乎都不和其他伙伴接触。

　　动物世界惊人的多样性一定会让你着迷不已。每一个物种都有各自的特征，和同一物种的其他个体互动时，它们的行为方式也表现得不一样。

　　但是，你知道吗？即使是地球上最孤独的动物，也不总是形单影只：在交配季节它会寻找伴侣；在某些情况下，它会放弃独居生活，比如照顾产下的蛋或幼小的宝宝。读读这本书你就知道啦！

　　你想知道为什么会这样吗？为何有些动物需要过群体生活，而另一些则喜欢在孤寂中生活呢？打开这本有趣的书，欣赏千奇百怪的大自然吧！

河 马

河马不是喜欢社交的动物，却成群生活。它们并不需要依赖彼此来觅食养活自己，也不需要以什么特定的方式来保护自己或群体。

在河马群中唯一能建立亲密关系的是雌河马和它的河马宝宝。河马们聚集在一起生活没有什么显而易见的理由，很让人难以理解。科学家对此进行了深入研究，他们认为一方面由于水资源有限，河马自然就会去有水的地方聚集；另一方面这是出于习惯，生活在庞大的群体之中也不会给个体带来不利影响，于是它们就相互陪伴。

犀 牛

犀牛是非常孤独的动物，它们领地意识很强。通常，在独居的动物身上，这两个特点密不可分。有些动物非常在意自己的活动空间，时刻注意是否有外来者闯入自己的家园，因此不愿意跟其他动物来往，即使是同类。而那些选择过集体生活的动物也不一定是因为喜欢和享受这种生活方式，而是出于需要。或是因为它们周围潜伏着捕食者，多几双警惕的眼睛总好过自己的两只眼睛；或是因为有些动物无法仅仅靠自己来获取食物。

不过，犀牛不需要。犀牛是食草动物，不用捕猎其他动物，它们还拥有地球上数一数二的强壮而庞大的身体，不必太过担心其他的食肉动物。在现存的6种犀牛中，白犀的社交能力强一些，其他的犀牛大都独自生活。除了自己的幼崽，其他个体靠近，它们都会表现出令人吃惊的攻击行为。

印度犀

火烈鸟

　　一群火烈鸟的数量可以从50～2万只不等，火烈鸟拥有空间的大小决定了群体的数量。因此，如果没有空间限制，鸟群可能会变得非常庞大。同一群体中的火烈鸟不一定有关系，大群是由很多小群组成的。

　　鸟群还有自己的首领，它不断地向后仰起脖子，来显示自己至高无上的地位以及指挥权。火烈鸟最让人惊异的地方是，它们会被组织得井井有条，步调一致，一个挨着一个，以相同的速度往同一个方向迈步，它们走路的姿势如同舞蹈般优美。那么多鸟一起行进，协调起来可不是一件容易的事情。因此，火烈鸟的首领需要决定何时起步，何时高飞。火烈鸟彼此之间非常友爱，它们经常通过温柔地触碰对方的羽翼来打招呼。

金 雕

　　金雕的气势威武，力量惊人，这些特点使它们生存没有那么困难。

　　它们的适应能力非常强，几乎可以在所有的生态系统中生存，也就是说，可以在地球上的很多地方生活。它们的双腿强壮，脚爪尖利，是出色而致命的猎手，通常不会在捕猎动物时遇到麻烦。

　　当在树木间飞翔或在悬崖上滑行时，它们也不需要同伴来保护和照顾自己。因此，金雕独自生活。不过，金雕很专一，终生只有一个伴侣。年复一年，每到交配季节，金雕会与同一个伴侣相聚并交配，共同度过短暂的时光。

山魈

山魈是现存最大的猴科灵长类动物之一。雄性山魈鼻子上有奇特的色彩。它们通常生活在由40～50个成员组成的群体中，不过，有时它们的数量甚至可以超过600只。在群体中，成员等级分明，每个成员都有非常严格的任务分配，以保证群体生活的正常运转。

山魈的奇特之处在于它的首领，这是一位雄性统治者。它通常远离其他成员，待在一边，略显孤单，但始终关注着自己群体的成员，以防出现危险的情况。山魈聚在一起通常会做两件事，一件是通过使劲叫喊或嘟囔来进行交流，声音特别大，但彼此并不会生气；另一件是清洁身体，它们很喜欢清理对方身上的虱子。

夜 猴

这些夜行灵长类动物的外表非常好玩，它们长着圆溜溜的、向外凸出的、超大的眼睛，在一片漆黑中也能看得清楚。夜猴的拉丁学名Aotus的本意是"无耳"，源自研究之初的误解，它们并不是没有耳朵，耳朵其实藏在浓密的毛发中。夜猴是比较孤独的动物，它们会跟年轻时找到的伴侣以及一个或两个夜猴宝宝一起生活，形成一个不需要与其他夜猴联系的小家庭。它们在晚上进食和活动，白天大部分时间都在树洞里休息。

一些科学家认为，由于这些临时的小窝没有足够的空间，所以它们的家庭成员才特别少。

帝企鹅

　　帝企鹅是现存体型最大的企鹅，和其他同类一样，是不会飞的海鸟。它们走路时显得笨拙，却是游泳高手，也是专业的"潜水员"。企鹅是社交达人，它们的日常活动都与群体中的其他成员一起完成。它们协调一致潜入水中猎取食物，在捕获食物之后，又会一起浮出水面。

尽管企鹅有非常浓密的羽毛，还有三层脂肪来保护自己，它们为抵御寒冷做了充分的准备，但在极寒的时候，企鹅仍需要成群结队聚集在一起，它们需要互相取暖才能存活。

它们密密麻麻围成一个大群，彼此之间紧紧依靠，以确保中间的企鹅不挨冻。外侧的企鹅依次轮换到中间，使得它们不必长时间忍受寒冷。它们就这样彼此保护，相互温暖，共同抵抗天寒地冻的天气。

北极熊

　　北极熊是陆地上现存最大的食肉动物。北极气候极端，冰天雪地，但是令人难以置信的是，北极熊并不需要群居生活。

　　每年，北极熊会寻找伴侣繁衍后代，只有这时才与其他个体有接触。另外，北极熊妈妈们也会放弃独处来照顾并喂养幼崽。冬眠之前，它们必须大量进食；冬眠时期，它们不会吃任何东西，因此必须有足够的脂肪和能量才能生存。四周都是冰天雪地和寒冷的海水，找食物很费周折，也许正因为这样，它们宁愿独居，以避免互相抢夺食物。

在同一个地方，几头北极熊群居的现象并不常见。如果出现这种情况，可能是因为附近有充足的食物，比如鲸鱼的尸体。北极熊很聪明，懂得自我照顾，只是会因为食物的原因聚集，同时它们也会保持警惕，并不会对其他北极熊完全失去戒心。它们在一起的时间很短，彼此之间似乎不感兴趣。

蜘蛛

　　大多数蜘蛛过着独居生活，因此，多年以来，人们一直认为地球上所有的蜘蛛都是这样生活的，但事实并非如此。在已知的4万多种蜘蛛中，大约有60种是群居的，它们生活在庞大的社群中。这些蜘蛛在集体生活中能够获得好处，如果独处的话，这些好处将无法获得。一个好处是，团队合作时，它们可以编织更大、更坚固的蜘蛛网。这意味着，被困在其中的猎物不仅更多，而且更大，因此，这些蜘蛛的食物总是很充足；另一个好处是它们会建起共同生活的巢穴，可以在其中产卵。这样，它们可以互相帮助照看和保护幼卵。

蝎 子

  蝎子是极爱独处的动物，只有在必须繁衍后代时才会与另一只异性蝎子互动。它们双方钳子相交，用一种独特而复杂的类似于跳交谊舞的方式进行交配，完成后迅速分开。有时，如果雄蝎子不及时从雌蝎子身边离开，雌蝎子就会将它俘获并一口吞下。

  蝎子的刺中含有毒性很强的毒液，使得它们在捕食猎物时有很强的优势，胜券在握。因此，它们不需要靠拉帮结派来保护自己，俨然是个独行侠。

斑 马

斑马是极其喜欢群居的动物，它们生活在大型的群体中。它们面对的敌人都很凶猛，比如狮子，因此成群结队生活至关重要，可以互相保护免受攻击。不管出于什么原因，如果一只斑马暂时从它的群体中离开，它几乎没有存活的机会。

斑马群由1匹发号施令的雄斑马、6~8匹雌斑马以及小斑马组成。很多时候，几个雌斑马群会聚在一起，形成更大的群体，以增加安全感。

　　另外，未成年或能力不够强的雄斑马会组成单身群体，这样在拥有自己的家庭之前，它们就可以互相保护。斑马群受到攻击时，会采取防卫措施：它们紧紧地聚拢在一起，把小斑马围在中间；它们会一直保持这个状态，而领头的雄斑马则会尽力驱赶敌人。

貛狐狓

　　貛狐狓是非常独特的夜行动物，鲜为人知。

　　它们的外形能让人同时想起几种动物：黑色的舌头跟长颈鹿的舌头很像，身体像马，还有类似于斑马的白色条纹。它们相当独立，不愿意跟任何动物交往，又胆小怕事，只要听到一点儿响声，便熟练地躲藏起来。

　　貛狐狓只有在需要繁衍后代时或者雌性貛狐狓需要照顾幼崽时才会群居。但是即使喜欢独处，它们也是非常团结、有责任感的动物。如果有雌性貛狐狓死去，其他的貛狐狓将会照顾它的幼崽。

海 豚

　　海豚这类海洋哺乳动物可能是地球上现存最社会化的物种。它们极其聪明，它们的许多行为，例如相互之间的交流、解决问题的方式或彼此间的互动，都与人类非常相似。海豚群可以由几十个成员组成，它们很有合作精神，在捕猎等活动时会互相帮助。海豚群体等级分明，彼此之间有多种合作方式，并各自分领一些特定的任务。

　　如果仔细观察一群海豚，你会发现，它们不仅互相保护和帮助寻找食物，它们也喜欢其他海豚的陪伴，乐意一起玩耍，触碰对方的鳍状肢以示亲昵。海豚的群体生活，除了生存需求，还有交往需求。

章 鱼

　　许多动物学家声称，很少有动物比章鱼更聪明。它们是出色的捕食者，精通如何捕猎以获取食物。它们不需要成群结队聚集生活，也不需要跟其他章鱼配合来获取食物，单枪匹马就够了。它们善于躲藏在岩石之间，因此它们也不需要同伴来保护自己。确实如此！章鱼独自在海洋深处游荡，比起成群结队的动物，它们更难被发现，独处使它们得到了更好的保护。与其他独居动物一样，它们只有在繁衍后代时才会寻找伴侣，交配后就会分开，继续各自孤独的旅程。

袋鼠

　　有些袋鼠，比如赤大袋鼠是群居动物。群体数量的多少取决于它们的生活环境。因此，有些群体的成员很少，而有些群体的成员则数量惊人。成员越多的群，成员之间的关系就越密切，成员之间的交往也越复杂。袋鼠通过气味从其他成员那里获得信息。袋鼠们通常安静地觅食、进食，不会打扰彼此，也不需要依赖其他成员来获取食物。

　　不过，袋鼠生活在群体中可以在受到攻击时得到保护，免遭敌人的侵害，生存的机会也更大。

树袋熊

　　树袋熊是独居动物，除非它们想繁衍后代或需要照顾年幼的
宝宝，否则它们不喜欢交往。树袋熊的主要食物是桉树叶，但桉树叶却能
使大多数动物中毒，因此树袋熊不必为获取食物而战斗。所有的桉树都是它们的！

　　树袋熊非常喜欢独处，以至于每只树袋熊都有自己的树，它们会在树皮上用特定的划痕标记
表示已有主人，并且只与树袋熊宝宝共享这棵树。附近的树上也会生活着别的树袋熊，但它们绝
不会在同一棵树上，以免在树枝间遇到。还有个奇特的现象，如果一只树袋熊死了，它生活的那
棵树将空置一年，这期间没有树袋熊会生活在那里。

蜜 蜂

　　蜜蜂是喜欢交往的昆虫，它们生活在被称为蜂巢的巨大的"社区"中，这里可以有超过5万只蜜蜂，它们组织完善。如此多的蜜蜂生活在一起，最重要的是每只蜜蜂都要有明确的任务分工，各司其职。

蜂巢中的蜜蜂长得不尽相同，具有为完成相应的任务而特有的身体特征。蜂巢中的社会阶层分为三种：蜂王、雄蜂和工蜂。蜂群需要成员完成的事情有养活大家、保卫家园、繁衍后代以及照顾幼蜂等。蜜蜂无法脱离蜂巢而独自生存。

螳 螂

　　螳螂丝毫不喜欢跟自己的同类或其他动物交往。通常，成群生活的动物会从群体中获得诸如保护或食物之类的好处，但是螳螂可以自己获取食物，如果遇险，它们绿色的身体可以变色，以便和周围的环境融为一体。它们不需要依赖其他同类生存，会避免与其他螳螂接触。

　　在一年中繁殖的季节，雄性和雌性螳螂会互相找寻，但是如果在找寻的过程中两只雄性螳螂不幸碰面，则两雄相争，必死其一。这些螳螂，真可谓是孤独至极啊！

37

快来大开眼界吧！

• 小河马会在河里浮起来，但是成年河马却不会，而且也不会游泳，成年河马跳跃着推动自己前进。这是不是很好玩？

• 不同种类的小犀牛出生时的体重在40～65千克之间，是最重的陆地动物之一！

• 火烈鸟刚出生时是灰色的，与父母的红色或粉红色羽毛完全不同。在开始的几天，小火烈鸟会被喂食胃液，之后，它们自己吃甲壳类动物。这种食物是使其羽毛变成鲜艳的红色或粉色的主要原因。

• 金雕在高高的悬崖上筑巢，以三根粗树枝为基部，往上增加较小的棍子和树枝。每年它们都会在原先的巢上增加一层，逐渐搭造出一个巨大的巢。

• 雌性山魈会照看自己的孩子，群里的其他雌性山魈也会宠爱并帮着照看别家的孩子。

• 每年冬天，蜂王都会在蜂蜡板上的小孔中产卵，种类繁多的雄蜂或雌蜂会从这些卵中生出来，去完成自己的任务。

• 螳螂只有一年的寿命，在成年之前，它们会蜕6次皮。

• 雌性夜猴每年只能产下一个宝宝，因此，如果一个家庭中有两个小宝宝，那么它们的年龄一定不同。在生命的前两年中，宝宝不能与父母分离，这个抚养时间在动物界是非常长久的。

- 帝企鹅的孵蛋任务最初由企鹅爸爸承担，企鹅妈妈在产蛋后会去觅食，然后它们会轮流孵蛋。

- 北极熊妈妈会在冰上挖个洞穴作为庇护所，它们在那里与自己的宝宝昏睡度日，并给宝宝喂食母乳。

- 蜘蛛会产下许多卵，但小蜘蛛存活很少，它们总是面临众多的敌人。

- 雌蝎子在怀孕12个月后，产下幼蝎子，数量有几十个不等。幼虫们在刚出生时做的第一件事就是爬到妈妈的背上，好让妈妈保护它们度过生命的前几个星期。

- 斑马宝宝主要靠声音和气味来识别妈妈。

- 獴狐猴每年只产下一只幼崽，但是幼崽无法将妈妈与同种的其他雌性獴狐猴区分开来，因此任何雌性獴狐猴都可以毫无问题地照料幼崽。

- 有很多小动物出生时跟父母长得一点儿也不像，帝企鹅宝宝和火烈鸟宝宝就是这样；而小海豚出生时长得与父母完全相同，只是体型小一点儿。

- 一只雌性章鱼可以产下10万只卵，但大多数存活时间不超过两周。

- 袋鼠和树袋熊都是有袋动物，即妈妈有一个覆盖乳房的小袋子，宝宝在出生的前几个月就生活在里面。

北京市版权局著作权合同登记号　图字：01-2020-6569

版权所有，侵权必究。举报：010-62782989，beiqinquan@tup.tsinghua.edu.cn。

图书在版编目（CIP）数据

群居与独居：自然界的生存智慧 /（西）米娅·卡萨尼文；（西）塔妮娅·加西亚绘；
邵巍译. —北京：清华大学出版社，2021.6
ISBN 978-7-302-57623-5

Ⅰ.①群… Ⅱ.①米… ②塔… ③邵… Ⅲ.①动物—儿童读物 Ⅳ.①Q95-49

中国版本图书馆CIP数据核字（2021）第037421号

责任编辑：李益倩
封面设计：鞠一村
责任校对：王凤芝
责任印制：杨　艳

出版发行：清华大学出版社
　　　网　　　址：http://www.tup.com.cn，http://www.wqbook.com
　　　地　　　址：北京清华大学学研大厦A座　　邮　　编：100084
　　　社 总 机：010-62770175　　　　　　　　邮　　购：010-62786544
　　　投稿与读者服务：010-62776969，c-service@tup.tsinghua.edu.cn
　　　质量反馈：010-62772015，zhiliang@tup.tsinghua.edu.cn
印 装 者：当纳利（广东）印务有限公司
经　　销：全国新华书店
开　　本：250mm×320mm　　　　　　　　印　　张：6
版　　次：2021年6月第1版　　　　　　　　印　　次：2021年6月第1次印刷
定　　价：99.00元

产品编号：090721-01